Dive Log

~~~~~~~~~~~~~~~~~~~~~~~

Name: _____

Address: _____
_____

Phone: _____
_____

Email: _____

~~~~~~~~~~~~~~~~~~~~~~~

Dive No.	Dive Site:		Date:
Location:			

Temperature	Weight	SI :	PG
Air:_____	_____ lb/kg	PG	
Surface:_____	**Visibility**	**Depth** _____ ft/m	_____ 15ft/5m
Bottom:_____	_____ ft/m	**Bottom Time** _____	
		_____ + _____ = _____	
		RNT ABT TBT	

Exposure Protection		Conditions	
Wetsuit	Y/N	Fresh	Salt
Drysuit	Y/N	Shore	Boat
Hood	Y/N	Current	Drift
Gloves	Y/N	Waves	Surge
Boots	Y/N	Other:	

Time In:		Time out:	
Start:	bar	End:	bar

Comments: _____

_____
_____
_____
_____
_____
_____
_____
_____

Dive Center / Resort Stamp

Verification Signature

_____
Instructor / DM / Buddy

Dive No.	Dive Site:	Date:
Location:		

Temperature	Weight
Air:_____	_____ lb/kg
Surface:_____	**Visibility**
Bottom:_____	_____ ft/m

SI :	PG
PG	

Depth _____ ft/m   _____ 15ft/5m

Bottom Time
_____

_____ + _____ = _____
RNT   **ABT**   **TBT**

Exposure Protection		Conditions	
Wetsuit	Y/N	Fresh	Salt
Drysuit	Y/N	Shore	Boat
Hood	Y/N	Current	Drift
Gloves	Y/N	Waves	Surge
Boots	Y/N	Other:	

Time In:	Time out:
Start: bar	End: bar

Comments: _____

_____

_____

_____

_____

_____

_____

_____

Dive Center / Resort Stamp

Verification Signature

_____
Instructor / DM / Buddy

Dive No.	Dive Site:	Date:
Location:		

Temperature	Weight		SI :	PG
Air:_____	_____ lb/kg		PG	
Surface:_____	**Visibility**		**Depth** _____ ft/m	_____ 15ft/5m
Bottom:_____	_____ ft/m		**Bottom Time** _____	

_____ + _____ = _____
RNT   **ABT**   **TBT**

Exposure Protection		Conditions	
Wetsuit	Y/N	Fresh	Salt
Drysuit	Y/N	Shore	Boat
Hood	Y/N	Current	Drift
Gloves	Y/N	Waves	Surge
Boots	Y/N	Other:	

Time In:		Time out:	
Start:	bar	End:	bar

Comments: _____
_____
_____
_____
_____
_____
_____
_____
_____

Dive Center / Resort Stamp

Verification Signature
_____
Instructor / DM / Buddy

Dive No.	Dive Site:		Date:

Location:

Temperature	Weight
Air:_____	_____ lb/kg
Surface:_____	**Visibility**
Bottom:_____	_____ ft/m

SI	:	PG
PG		

Depth
_____ ft/m   _____ 15ft/5m

Bottom Time
_____

_____ + _____ = _____
RNT   ABT   TBT

Exposure Protection		Conditions	
Wetsuit	Y/N	Fresh	Salt
Drysuit	Y/N	Shore	Boat
Hood	Y/N	Current	Drift
Gloves	Y/N	Waves	Surge
Boots	Y/N	Other:	

Time In:	Time out:
Start: bar	End: bar

Comments: _____

_____
_____
_____
_____
_____
_____
_____
_____

Dive Center / Resort Stamp	Verification Signature
	_____
	Instructor / DM / Buddy

Dive No.	Dive Site:	Date:

Location:

Temperature	Weight
Air: _____	_____ lb/kg
Surface: _____	**Visibility**
Bottom: _____	_____ ft/m

SI :	PG
PG	

Depth
_____ ft/m

15ft/5m

Bottom Time
_____

_____ + _____ = _____
RNT   ABT   TBT

Exposure Protection		Conditions	
Wetsuit	Y/N	Fresh	Salt
Drysuit	Y/N	Shore	Boat
Hood	Y/N	Current	Drift
Gloves	Y/N	Waves	Surge
Boots	Y/N	Other:	

Time In:	Time out:
Start: bar	End: bar

Comments: _____

_____
_____
_____
_____
_____
_____
_____

Dive Center / Resort Stamp

Verification Signature

_____

Instructor / DM / Buddy

Dive No.	Dive Site:		Date:
Location:			

Temperature	Weight
Air:_____	_____ lb/kg
Surface:_____	**Visibility**
Bottom:_____	_____ ft/m

SI	:	PG
PG		

Depth
_____ ft/m

_____
15ft/5m

Bottom Time
_____

_____ + _____ = _____
RNT   ABT   TBT

Exposure Protection		Conditions	
Wetsuit	Y/N	Fresh	Salt
Drysuit	Y/N	Shore	Boat
Hood	Y/N	Current	Drift
Gloves	Y/N	Waves	Surge
Boots	Y/N	Other:	

Time In:		Time out:	
Start:	bar	End:	bar

Comments: _____

_____
_____
_____
_____
_____
_____
_____
_____

Dive Center / Resort Stamp

Verification Signature

_____
Instructor / DM / Buddy

Dive No.	Dive Site:	Date:
Location:		

Temperature	Weight
Air:_____	_____ lb/kg
Surface:_____	**Visibility**
Bottom:_____	_____ ft/m

SI	:	PG
PG		

Depth _____ ft/m   _____ 15ft/5m

Bottom Time
_____

_____ + _____ = _____
RNT   ABT   TBT

Exposure Protection		Conditions	
Wetsuit	Y/N	Fresh	Salt
Drysuit	Y/N	Shore	Boat
Hood	Y/N	Current	Drift
Gloves	Y/N	Waves	Surge
Boots	Y/N	Other:	

Time In:	Time out:
Start: bar	End: bar

Comments: _____

_____
_____
_____
_____
_____
_____
_____
_____

Dive Center / Resort Stamp

Verification Signature

_____
Instructor / DM / Buddy

Dive No.	Dive Site:		Date:

Location:	

Temperature	Weight
Air: _____	_____ lb/kg
Surface: _____	**Visibility**
Bottom: _____	_____ ft/m

Exposure Protection		Conditions	
Wetsuit	Y/N	Fresh	Salt
Drysuit	Y/N	Shore	Boat
Hood	Y/N	Current	Drift
Gloves	Y/N	Waves	Surge
Boots	Y/N	Other:	

SI :	PG
PG	

Depth _____ ft/m _____ 15ft/5m

Bottom Time
_____
_____ + _____ = _____
RNT   ABT   TBT

Time In:	Time out:
Start: _____ bar	End: _____ bar

Comments: _____
_____
_____
_____
_____
_____
_____
_____

Dive Center / Resort Stamp

Verification Signature

_____
Instructor / DM / Buddy

Dive No.	Dive Site:		Date:
Location:			

Temperature	Weight
Air:_____	_____ lb/kg
Surface:_____	**Visibility**
Bottom:_____	_____ ft/m

SI	:	PG
PG		

Depth
_____ ft/m   _____ 15ft/5m

Bottom Time
_____

_____ + _____ = _____
RNT   ABT   TBT

Exposure Protection		Conditions	
Wetsuit	Y/N	Fresh	Salt
Drysuit	Y/N	Shore	Boat
Hood	Y/N	Current	Drift
Gloves	Y/N	Waves	Surge
Boots	Y/N	Other:	

Time In:		Time out:	
Start:	bar	End:	bar

Comments: _____

_____

_____

_____

_____

_____

_____

_____

Dive Center / Resort Stamp

Verification Signature

_____

Instructor / DM / Buddy

Dive No.	Dive Site:		Date:
Location:			

Temperature	Weight
Air:_____	_____ lb/kg
Surface:_____	**Visibility**
Bottom:_____	_____ ft/m

Depth

SI :   PG

PG

_____ ft/m

_____ 15ft/5m

Bottom Time

_____

_____ + _____ = _____

RNT   ABT   TBT

Exposure Protection		Conditions	
Wetsuit	Y/N	Fresh	Salt
Drysuit	Y/N	Shore	Boat
Hood	Y/N	Current	Drift
Gloves	Y/N	Waves	Surge
Boots	Y/N	Other:	

Time In:	Time out:
Start: bar	End: bar

Comments: _____

_____
_____
_____
_____
_____
_____
_____
_____

Dive Center / Resort Stamp

Verification Signature

_____

Instructor / DM / Buddy

Dive No.	Dive Site:	Date:

Location:

Temperature	Weight
Air:_____	_____ lb/kg
Surface:_____	**Visibility**
Bottom:_____	_____ ft/m

Exposure Protection		Conditions	
Wetsuit	Y/N	Fresh	Salt
Drysuit	Y/N	Shore	Boat
Hood	Y/N	Current	Drift
Gloves	Y/N	Waves	Surge
Boots	Y/N	Other:	

SI	:		PG
PG			

Depth
_____ ft/m
_____ 15ft/5m

Bottom Time
_____

_____ + _____ = _____
RNT   ABT   TBT

Time In:	Time out:
Start: bar	End: bar

Comments: _____

_____
_____
_____
_____
_____
_____
_____

Dive Center / Resort Stamp

Verification Signature

_____
Instructor / DM / Buddy

Dive No.	Dive Site:		Date:
Location:			

Temperature	Weight
Air:_____	_____ lb/kg
Surface:_____	**Visibility**
Bottom:_____	_____ ft/m

SI :	PG
PG	

Depth
_____ ft/m

_____
15ft/5m

Bottom Time

_____

_____ + _____ = _____
RNT   ABT   TBT

Exposure Protection		Conditions	
Wetsuit	Y/N	Fresh	Salt
Drysuit	Y/N	Shore	Boat
Hood	Y/N	Current	Drift
Gloves	Y/N	Waves	Surge
Boots	Y/N	Other:	

Time In:	Time out:
Start: bar	End: bar

Comments: _____

_____
_____
_____
_____
_____
_____
_____
_____

Dive Center / Resort Stamp

Verification Signature

_____
Instructor / DM / Buddy

Dive No.	Dive Site:	Date:

Location:

Temperature	Weight
Air:_____	_____ lb/kg
Surface:_____	**Visibility**
Bottom:_____	_____ ft/m

SI :	PG
PG	

Depth
_____ ft/m
_____ 15ft/5m

Bottom Time
_____ + _____ = _____
RNT   **ABT**   **TBT**

Exposure Protection		Conditions	
Wetsuit	Y/N	Fresh	Salt
Drysuit	Y/N	Shore	Boat
Hood	Y/N	Current	Drift
Gloves	Y/N	Waves	Surge
Boots	Y/N	Other:	

Time In:	Time out:
Start: bar	End: bar

Comments: _____
_____
_____
_____
_____
_____
_____
_____
_____

Dive Center / Resort Stamp

Verification Signature

_____
Instructor / DM / Buddy

Dive No.	Dive Site:	Date:

Location:

Temperature	Weight
Air: _____	_____ lb/kg
Surface: _____	**Visibility**
Bottom: _____	_____ ft/m

SI :	PG
PG	

Depth _____ ft/m

_____ 15ft/5m

Bottom Time

_____

_____ + _____ = _____
RNT   ABT   TBT

Exposure Protection		Conditions	
Wetsuit	Y/N	Fresh	Salt
Drysuit	Y/N	Shore	Boat
Hood	Y/N	Current	Drift
Gloves	Y/N	Waves	Surge
Boots	Y/N	Other:	

Time In:	Time out:
Start: bar	End: bar

Comments: _____

_____
_____
_____
_____
_____
_____
_____
_____

Dive Center / Resort Stamp

Verification Signature

_____
Instructor / DM / Buddy

Dive No.	Dive Site:	Date:
Location:		

Temperature	Weight
Air:_____	_____ lb/kg
Surface:_____	**Visibility**
Bottom:_____	_____ ft/m

SI	:	PG
PG		

Depth _____ ft/m _____ 15ft/5m

Bottom Time
_____
_____ + _____ = _____
RNT   ABT   TBT

Exposure Protection		Conditions	
Wetsuit	Y/N	Fresh	Salt
Drysuit	Y/N	Shore	Boat
Hood	Y/N	Current	Drift
Gloves	Y/N	Waves	Surge
Boots	Y/N	Other:	

Time In:	Time out:
Start: bar	End: bar

Comments: _____
_____
_____
_____
_____
_____
_____
_____
_____

Dive Center / Resort Stamp

Verification Signature
_____
Instructor / DM / Buddy

Dive No.	Dive Site:	Date:
Location:		

Temperature	Weight
Air:_____	_____ lb/kg
Surface:_____	**Visibility**
Bottom:_____	_____ ft/m

SI :	PG
PG	

Depth
_____ ft/m

_____ 15ft/5m

Bottom Time

_____

_____ + _____ = _____
RNT   ABT   TBT

Exposure Protection		Conditions	
Wetsuit	Y/N	Fresh	Salt
Drysuit	Y/N	Shore	Boat
Hood	Y/N	Current	Drift
Gloves	Y/N	Waves	Surge
Boots	Y/N	Other:	

Time In:	Time out:
Start: bar	End: bar

Comments: _____

_____
_____
_____
_____
_____
_____
_____
_____

Dive Center / Resort Stamp

Verification Signature

_____
Instructor / DM / Buddy

Dive No.	Dive Site:		Date:
Location:			

Temperature	Weight
Air:_____	_____ lb/kg
Surface:_____	**Visibility**
Bottom:_____	_____ ft/m

SI	:	PG
PG		

Depth
_____ ft/m

15ft/5m

Bottom Time

_____

_____ + _____ = _____
RNT   ABT   TBT

Exposure Protection		Conditions	
Wetsuit	Y/N	Fresh	Salt
Drysuit	Y/N	Shore	Boat
Hood	Y/N	Current	Drift
Gloves	Y/N	Waves	Surge
Boots	Y/N	Other:	

Time In:	Time out:
Start: bar	End: bar

Comments: _____

_____

_____

_____

_____

_____

_____

_____

Dive Center / Resort Stamp

Verification Signature

_____

Instructor / DM / Buddy

Dive No.	Dive Site:	Date:

Location:	

Temperature	Weight
Air:_____	_____ lb/kg
Surface:_____	**Visibility**
Bottom:_____	_____ ft/m

SI	:	PG
PG		

Depth
_____ ft/m

15ft/5m

Bottom Time
_____

_____ + _____ = _____
RNT　　ABT　　TBT

Exposure Protection		Conditions	
Wetsuit	Y/N	Fresh	Salt
Drysuit	Y/N	Shore	Boat
Hood	Y/N	Current	Drift
Gloves	Y/N	Waves	Surge
Boots	Y/N	Other:	

Time In:	Time out:
Start:　　bar	End:　　bar

Comments: _____
_____
_____
_____
_____
_____
_____
_____
_____

Dive Center / Resort Stamp	Verification Signature
	_____
	Instructor / DM / Buddy

Dive No.	Dive Site:	Date:

Location:

Temperature	Weight
Air: _____	_____ lb/kg
Surface: _____	**Visibility**
Bottom: _____	_____ ft/m

SI :	PG
PG	

Depth
_____ ft/m   _____ 15ft/5m

Bottom Time
_____

_____ + _____ = _____
RNT   **ABT**   **TBT**

Exposure Protection		Conditions	
Wetsuit	Y/N	Fresh	Salt
Drysuit	Y/N	Shore	Boat
Hood	Y/N	Current	Drift
Gloves	Y/N	Waves	Surge
Boots	Y/N	Other:	

Time In:	Time out:
Start: bar	**End:** bar

Comments: _____

_____
_____
_____
_____
_____
_____
_____
_____

Dive Center / Resort Stamp

Verification Signature

_____
Instructor / DM / Buddy

Dive No.	Dive Site:	Date:
Location:		

Temperature	Weight
Air: _____	_____ lb/kg
Surface: _____	**Visibility**
Bottom: _____	_____ ft/m

SI :	PG
PG	

Depth _____ ft/m

_____ 15ft/5m

Bottom Time

_____

_____ + _____ = _____

RNT   ABT   TBT

Exposure Protection		Conditions	
Wetsuit	Y/N	Fresh	Salt
Drysuit	Y/N	Shore	Boat
Hood	Y/N	Current	Drift
Gloves	Y/N	Waves	Surge
Boots	Y/N	Other:	

Time In:	Time out:
Start: bar	End: bar

Comments: _____

_____

_____

_____

_____

_____

_____

_____

_____

Dive Center / Resort Stamp

Verification Signature

_____

Instructor / DM / Buddy

Dive No.	Dive Site:		Date:
Location:			

Temperature	Weight		SI :	PG
Air:_____	_____ lb/kg		PG	
Surface:_____	**Visibility**		**Depth**	
Bottom:_____	_____ ft/m		_____ ft/m	_____ 15ft/5m

Bottom Time

_____ + _____ = _____
RNT   ABT   TBT

Exposure Protection		Conditions	
Wetsuit	Y/N	Fresh	Salt
Drysuit	Y/N	Shore	Boat
Hood	Y/N	Current	Drift
Gloves	Y/N	Waves	Surge
Boots	Y/N	Other:	

Time In:		Time out:	
Start:	bar	End:	bar

Comments: _____

_____
_____
_____
_____
_____
_____
_____
_____

Dive Center / Resort Stamp	Verification Signature
	_____
	Instructor / DM / Buddy

Dive No.	Dive Site:	Date:

Location:

Temperature	Weight
Air:_____	_____ lb/kg
Surface:_____	**Visibility**
Bottom:_____	_____ ft/m

SI : | PG
PG

Depth
_____ 15ft/5m
_____ ft/m

Bottom Time
_____

_____ + _____ = _____
RNT **ABT** **TBT**

Exposure Protection		Conditions	
Wetsuit	Y/N	Fresh	Salt
Drysuit	Y/N	Shore	Boat
Hood	Y/N	Current	Drift
Gloves	Y/N	Waves	Surge
Boots	Y/N	Other:	

Time In:	Time out:
Start: bar	End: bar

Comments: _____

_____
_____
_____
_____
_____
_____
_____
_____
_____

Dive Center / Resort Stamp

Verification Signature

_____
Instructor / DM / Buddy

Dive No.		Dive Site:		Date:
Location:				

Temperature	**Weight**
Air:_____	_____ lb/kg
Surface:_____	**Visibility**
Bottom:_____	_____ ft/m

SI	:		PG	
PG				

Depth

_____ ft/m

_____ 15ft/5m

Bottom Time

_____

_____ + _____ = _____
RNT   ABT   TBT

Exposure Protection		**Conditions**	
Wetsuit	Y/N	Fresh	Salt
Drysuit	Y/N	Shore	Boat
Hood	Y/N	Current	Drift
Gloves	Y/N	Waves	Surge
Boots	Y/N	Other:	

Time In:	Time out:
Start: bar	End: bar

Comments: _____

_____

_____

_____

_____

_____

_____

_____

Dive Center / Resort Stamp

Verification Signature

_____

Instructor / DM / Buddy

Dive No.	Dive Site:		Date:

Location:

Temperature	Weight
Air:_____	_____ lb/kg
Surface:_____	**Visibility**
Bottom:_____	_____ ft/m

Exposure Protection		Conditions	
Wetsuit	Y/N	Fresh	Salt
Drysuit	Y/N	Shore	Boat
Hood	Y/N	Current	Drift
Gloves	Y/N	Waves	Surge
Boots	Y/N	Other:	

SI :	PG
PG	

Depth

_____ ft/m

_____ 15ft/5m

Bottom Time

_____

_____ + _____ = _____

RNT   ABT   TBT

Time In:	Time out:
Start: bar	End: bar

Comments: _____

_____
_____
_____
_____
_____
_____
_____

Dive Center / Resort Stamp

Verification Signature

Instructor / DM / Buddy

Dive No.	Dive Site:	Date:

Location:

Temperature	Weight
Air: _____	_____ lb/kg
Surface: _____	**Visibility**
Bottom: _____	_____ ft/m

SI :	PG
PG	

Depth _____ ft/m   _____ 15ft/5m

Bottom Time

_____ + _____ = _____
RNT   ABT   TBT

Exposure Protection		Conditions	
Wetsuit	Y/N	Fresh	Salt
Drysuit	Y/N	Shore	Boat
Hood	Y/N	Current	Drift
Gloves	Y/N	Waves	Surge
Boots	Y/N	Other:	

Time In:	Time out:
Start: bar	End: bar

Comments: _____

_____
_____
_____
_____
_____
_____
_____
_____

Dive Center / Resort Stamp

Verification Signature

_____
Instructor / DM / Buddy

Dive No.	Dive Site:	Date:

Location:

Temperature	**Weight**
Air:_____	_____ lb/kg
Surface:_____	**Visibility**
Bottom:_____	_____ ft/m

SI :	PG
PG	

Depth _____ ft/m   _____ 15ft/5m

Bottom Time

_____ + _____ = _____
RNT   ABT   TBT

Exposure Protection		**Conditions**	
Wetsuit	Y/N	Fresh	Salt
Drysuit	Y/N	Shore	Boat
Hood	Y/N	Current	Drift
Gloves	Y/N	Waves	Surge
Boots	Y/N	Other:	

Time In:	**Time out:**
Start: bar	**End:** bar

Comments: _____

_____
_____
_____
_____
_____
_____
_____
_____

Dive Center / Resort Stamp

Verification Signature

_____

Instructor / DM / Buddy

Dive No.	Dive Site:	Date:
Location:		

Temperature	Weight
Air:_____	_____ lb/kg
Surface:_____	**Visibility**
Bottom:_____	_____ ft/m

SI :	PG
PG	

Depth
_____ ft/m

_____ 15ft/5m

Bottom Time
_____

_____ + _____ = _____
RNT   ABT   TBT

Exposure Protection		Conditions	
Wetsuit	Y/N	Fresh	Salt
Drysuit	Y/N	Shore	Boat
Hood	Y/N	Current	Drift
Gloves	Y/N	Waves	Surge
Boots	Y/N	Other:	

Time In:	Time out:
Start: bar	End: bar

Comments: _____

_____
_____
_____
_____
_____
_____
_____
_____

Dive Center / Resort Stamp

Verification Signature

_____

Instructor / DM / Buddy

Dive No.	Dive Site:		Date:
Location:			

Temperature	Weight
Air:_____	_____ lb/kg
Surface:_____	**Visibility**
Bottom:_____	_____ ft/m

SI	:	PG
PG		

Depth

_____ ft/m

_____ 15ft/5m

Bottom Time

_____

_____ + _____ = _____
RNT   ABT   TBT

Exposure Protection		Conditions	
Wetsuit	Y/N	Fresh	Salt
Drysuit	Y/N	Shore	Boat
Hood	Y/N	Current	Drift
Gloves	Y/N	Waves	Surge
Boots	Y/N	Other:	

Time In:	Time out:
Start: bar	End: bar

Comments: _____

_____
_____
_____
_____
_____
_____
_____
_____
_____

Dive Center / Resort Stamp

Verification Signature

_____
Instructor / DM / Buddy

Dive No.	Dive Site:		Date:
Location:			

Temperature	Weight
Air:_____	_____ lb/kg
Surface:_____	**Visibility**
Bottom:_____	_____ ft/m

SI	:	PG
PG		

Depth
_____ ft/m
_____ 15ft/5m

Bottom Time
_____

_____ + _____ = _____
RNT   ABT   TBT

Exposure Protection		Conditions	
Wetsuit	Y/N	Fresh	Salt
Drysuit	Y/N	Shore	Boat
Hood	Y/N	Current	Drift
Gloves	Y/N	Waves	Surge
Boots	Y/N	Other:	

Time In:	Time out:
Start: bar	End: bar

Comments: _____

_____
_____
_____
_____
_____
_____
_____
_____

Dive Center / Resort Stamp

Verification Signature

_____
Instructor / DM / Buddy

Dive No.	Dive Site:		Date:
Location:			

Temperature	Weight		SI :	PG
Air:_____	_____ lb/kg		PG	
Surface:_____	**Visibility**			
Bottom:_____	_____ ft/m		**Depth** _____ ft/m	_____ 15ft/5m

Bottom Time

_____ + _____ = _____
RNT   ABT   TBT

Exposure Protection		Conditions	
Wetsuit	Y/N	Fresh	Salt
Drysuit	Y/N	Shore	Boat
Hood	Y/N	Current	Drift
Gloves	Y/N	Waves	Surge
Boots	Y/N	Other:	

Time In:		Time out:	
Start:	bar	End:	bar

Comments: _____
_____
_____
_____
_____
_____
_____
_____

Dive Center / Resort Stamp	Verification Signature
	_____
	Instructor / DM / Buddy

Dive No.	Dive Site:	Date:
Location:		

Temperature
Air: _____
Surface: _____
Bottom: _____

Weight
_____ lb/kg

Visibility
_____ ft/m

SI :	PG
PG	

Depth _____ ft/m _____ 15ft/5m

Bottom Time

_____ + _____ = _____
RNT   ABT   TBT

Exposure Protection		Conditions	
Wetsuit	Y/N	Fresh	Salt
Drysuit	Y/N	Shore	Boat
Hood	Y/N	Current	Drift
Gloves	Y/N	Waves	Surge
Boots	Y/N	Other:	

Time In:	Time out:
Start: bar	End: bar

Comments:
_____
_____
_____
_____
_____
_____
_____
_____
_____

Dive Center / Resort Stamp

Verification Signature

_____
Instructor / DM / Buddy

Dive No.		Dive Site:		Date:

Location:

Temperature	Weight
Air: _____	_____ lb/kg
Surface: _____	**Visibility**
Bottom: _____	_____ ft/m

SI :	PG
PG	

Depth _____ ft/m _____ 15ft/5m

Bottom Time

_____ + _____ = _____
RNT   ABT   TBT

Exposure Protection		Conditions	
Wetsuit	Y/N	Fresh	Salt
Drysuit	Y/N	Shore	Boat
Hood	Y/N	Current	Drift
Gloves	Y/N	Waves	Surge
Boots	Y/N	Other:	

Time In:		Time out:	
Start:	bar	End:	bar

Comments: _____

_____
_____
_____
_____
_____
_____
_____
_____

Dive Center / Resort Stamp

Verification Signature

_____

Instructor / DM / Buddy

Dive No.	Dive Site:		Date:
Location:			

Temperature	Weight		
Air: _____	_____ lb/kg		
Surface: _____	**Visibility**		
Bottom: _____	_____ ft/m		

SI :	PG
PG	

Depth
_____ ft/m
_____ 15ft/5m

Bottom Time
_____
_____ + _____ = _____
RNT   ABT   TBT

Exposure Protection		Conditions	
Wetsuit	Y/N	Fresh	Salt
Drysuit	Y/N	Shore	Boat
Hood	Y/N	Current	Drift
Gloves	Y/N	Waves	Surge
Boots	Y/N	Other:	

Time In:	Time out:
Start: bar	End: bar

Comments: _____
_____
_____
_____
_____
_____
_____
_____
_____

Dive Center / Resort Stamp	Verification Signature
	_____
	Instructor / DM / Buddy

Dive No.	Dive Site:	Date:

Location:

Temperature	Weight
Air: _____	_____ lb/kg
Surface: _____	**Visibility**
Bottom: _____	_____ ft/m

SI	:	PG
PG		

Depth _____ ft/m _____ 15ft/5m

Bottom Time

_____ + _____ = _____
RNT   **ABT**   **TBT**

Exposure Protection		Conditions	
Wetsuit	Y/N	Fresh	Salt
Drysuit	Y/N	Shore	Boat
Hood	Y/N	Current	Drift
Gloves	Y/N	Waves	Surge
Boots	Y/N	Other:	

Time In:	Time out:
Start: bar	End: bar

Comments: _____

_____
_____
_____
_____
_____
_____
_____
_____
_____

Dive Center / Resort Stamp

Verification Signature

_____
Instructor / DM / Buddy

Dive No.	Dive Site:	Date:
Location:		

Temperature	Weight
Air: _____	_____ lb/kg
Surface: _____	**Visibility**
Bottom: _____	_____ ft/m

SI :	PG
PG	

Depth
_____ ft/m

_____
15ft/5m

Bottom Time
_____

_____ + _____ = _____
RNT   ABT   TBT

Exposure Protection		Conditions	
Wetsuit	Y/N	Fresh	Salt
Drysuit	Y/N	Shore	Boat
Hood	Y/N	Current	Drift
Gloves	Y/N	Waves	Surge
Boots	Y/N	Other:	

Time In:	Time out:
Start: bar	End: bar

Comments: _____

_____
_____
_____
_____
_____
_____
_____
_____

Dive Center / Resort Stamp

Verification Signature

_____
Instructor / DM / Buddy

Dive No.		Dive Site:		Date:	

Location:

Temperature		Weight	
Air:_____		_____ lb/kg	
Surface:_____		**Visibility**	
Bottom:_____		_____ ft/m	

Exposure Protection		Conditions	
Wetsuit	Y/N	Fresh	Salt
Drysuit	Y/N	Shore	Boat
Hood	Y/N	Current	Drift
Gloves	Y/N	Waves	Surge
Boots	Y/N	Other:	

SI	:	PG	
PG			

Depth
_____ ft/m

_____ 15ft/5m

Bottom Time
_____

_____ + _____ = _____
RNT   ABT   TBT

Time In:	Time out:
Start: bar	End: bar

Comments: _____
_____
_____
_____
_____
_____
_____
_____
_____

Dive Center / Resort Stamp

Verification Signature

_____
Instructor / DM / Buddy

Dive No.	Dive Site:	Date:
Location:		

Temperature	Weight
Air:_____	_____ lb/kg
Surface:_____	**Visibility**
Bottom:_____	_____ ft/m

SI :	PG
PG	

Depth
_____ ft/m
_____ 15ft/5m

Bottom Time
_____

_____ + _____ = _____
RNT   **ABT**   **TBT**

Exposure Protection		Conditions	
Wetsuit	Y/N	Fresh	Salt
Drysuit	Y/N	Shore	Boat
Hood	Y/N	Current	Drift
Gloves	Y/N	Waves	Surge
Boots	Y/N	Other:	

Time In:	Time out:
Start: bar	End: bar

Comments: _____

_____
_____
_____
_____
_____
_____
_____
_____

Dive Center / Resort Stamp

Verification Signature

_____
Instructor / DM / Buddy

Dive No.	Dive Site:		Date:
Location:			

Temperature	Weight	SI :	PG
Air:_____	_____ lb/kg	PG	
Surface:_____	**Visibility**		
Bottom:_____	_____ ft/m		

Depth _____ ft/m _____ 15ft/5m

Bottom Time
_____
_____ + _____ = _____
RNT   ABT   TBT

Exposure Protection		Conditions	
Wetsuit	Y/N	Fresh	Salt
Drysuit	Y/N	Shore	Boat
Hood	Y/N	Current	Drift
Gloves	Y/N	Waves	Surge
Boots	Y/N	Other:	

Time In:	Time out:
Start: bar	End: bar

Comments: _____

_____
_____
_____
_____
_____
_____
_____
_____

Dive Center / Resort Stamp

Verification Signature

_____

Instructor / DM / Buddy

Dive No.		Dive Site:		Date:
Location:				

Temperature	Weight
Air:_____	_____ lb/kg
Surface:_____	**Visibility**
Bottom:_____	_____ ft/m

SI	:	PG
PG		

Depth

_____ ft/m

_____ 15ft/5m

Bottom Time

_____

_____ + _____ = _____

RNT   ABT   TBT

Exposure Protection		Conditions	
Wetsuit	Y/N	Fresh	Salt
Drysuit	Y/N	Shore	Boat
Hood	Y/N	Current	Drift
Gloves	Y/N	Waves	Surge
Boots	Y/N	Other:	

Time In:		**Time out:**	
Start:	bar	**End:**	bar

Comments: _____

_____
_____
_____
_____
_____
_____
_____
_____

Dive Center / Resort Stamp

Verification Signature

_____

Instructor / DM / Buddy

Dive No.		Dive Site:		Date:

Location:

Temperature	Weight
Air:_____	_____ lb/kg
Surface:_____	**Visibility**
Bottom:_____	_____ ft/m

SI	:	PG
PG		

Depth
_____ ft/m
_____ 15ft/5m

Bottom Time
_____

_____ + _____ = _____
RNT   **ABT**   **TBT**

Exposure Protection		Conditions	
Wetsuit	Y/N	Fresh	Salt
Drysuit	Y/N	Shore	Boat
Hood	Y/N	Current	Drift
Gloves	Y/N	Waves	Surge
Boots	Y/N	Other:	

Time In:	Time out:
Start: bar	End: bar

Comments: _____
_____
_____
_____
_____
_____
_____
_____
_____
_____

Dive Center / Resort Stamp

Verification Signature

_____
Instructor / DM / Buddy

Dive No.		Dive Site:		Date:	

Location:

Temperature	Weight
Air:_____	_____ lb/kg
Surface:_____	**Visibility**
Bottom:_____	_____ ft/m

SI :	PG
PG	

Depth

_____ ft/m

_____ 15ft/5m

Bottom Time

_____

_____ + _____ = _____
RNT   ABT   TBT

Exposure Protection		Conditions	
Wetsuit	Y/N	Fresh	Salt
Drysuit	Y/N	Shore	Boat
Hood	Y/N	Current	Drift
Gloves	Y/N	Waves	Surge
Boots	Y/N	Other:	

Time In:	Time out:
Start: bar	End: bar

Comments:_____

_____
_____
_____
_____
_____
_____
_____

Dive Center / Resort Stamp

Verification Signature

_____
Instructor / DM / Buddy

Dive No.	Dive Site:		Date:
Location:			

Temperature	Weight
Air:_____	_____ lb/kg
Surface:_____	**Visibility**
Bottom:_____	_____ ft/m

SI	:	PG
PG		

Depth
_____ ft/m
_____ 15ft/5m

Bottom Time
_____
_____ + _____ = _____
RNT   ABT   TBT

Exposure Protection		Conditions	
Wetsuit	Y/N	Fresh	Salt
Drysuit	Y/N	Shore	Boat
Hood	Y/N	Current	Drift
Gloves	Y/N	Waves	Surge
Boots	Y/N	Other:	

Time In:	Time out:
Start: bar	End: bar

Comments: _____

_____
_____
_____
_____
_____
_____
_____
_____

Dive Center / Resort Stamp

Verification Signature

_____
Instructor / DM / Buddy

Dive No.	Dive Site:		Date:
Location:			

Temperature	Weight
Air:_____	_____ lb/kg
Surface:_____	**Visibility**
Bottom:_____	_____ ft/m

Exposure Protection		Conditions	
Wetsuit	Y/N	Fresh	Salt
Drysuit	Y/N	Shore	Boat
Hood	Y/N	Current	Drift
Gloves	Y/N	Waves	Surge
Boots	Y/N	Other:	

SI   :   PG
PG

Depth _____ 15ft/5m
_____ ft/m

Bottom Time
_____
_____ + _____ = _____
RNT   ABT   TBT

Time In:	Time out:
Start: bar	End: bar

Comments: _____

_____
_____
_____
_____
_____
_____
_____
_____

Dive Center / Resort Stamp

Verification Signature

_____
Instructor / DM / Buddy

Dive No.	Dive Site:	Date:
Location:		

Temperature	Weight
Air:_____	_____ lb/kg
Surface:_____	Visibility
Bottom:_____	_____ ft/m

SI :	PG
PG	

Depth
_____ ft/m

_____
15ft/5m

Bottom Time
_____

_____ + _____ = _____
RNT   ABT   TBT

Exposure Protection		Conditions	
Wetsuit	Y/N	Fresh	Salt
Drysuit	Y/N	Shore	Boat
Hood	Y/N	Current	Drift
Gloves	Y/N	Waves	Surge
Boots	Y/N	Other:	

Time In:	Time out:
Start: bar	End: bar

Comments: _____
_____
_____
_____
_____
_____
_____
_____
_____

Dive Center / Resort Stamp	Verification Signature
	_____
	Instructor / DM / Buddy

Dive No.	Dive Site:		Date:
Location:			

Temperature	Weight
Air:_____	_____ lb/kg
Surface:_____	**Visibility**
Bottom:_____	_____ ft/m

SI _____ : _____   PG _____

PG _____

Depth _____ ft/m   _____ 15ft/5m

Bottom Time

_____ + _____ = _____

RNT   ABT   TBT

Exposure Protection		Conditions	
Wetsuit	Y/N	Fresh	Salt
Drysuit	Y/N	Shore	Boat
Hood	Y/N	Current	Drift
Gloves	Y/N	Waves	Surge
Boots	Y/N	Other:	

Time In:	Time out:
Start: _____ bar	End: _____ bar

Comments: _____
_____
_____
_____
_____
_____
_____
_____

Dive Center / Resort Stamp

Verification Signature

_____

Instructor / DM / Buddy

Dive No.	Dive Site:		Date:
Location:			

Temperature	Weight
Air: _____	_____ lb/kg
Surface: _____	**Visibility**
Bottom: _____	_____ ft/m

SI	:	PG
PG		

Depth

_____ ft/m

_____ 15ft/5m

Bottom Time

_____

_____ + _____ = _____
RNT   ABT   TBT

Exposure Protection		Conditions	
Wetsuit	Y/N	Fresh	Salt
Drysuit	Y/N	Shore	Boat
Hood	Y/N	Current	Drift
Gloves	Y/N	Waves	Surge
Boots	Y/N	Other:	

Time In:	Time out:
Start: bar	End: bar

Comments: _____

_____
_____
_____
_____
_____
_____
_____
_____

Dive Center / Resort Stamp

Verification Signature

_____

Instructor / DM / Buddy

Dive No.	Dive Site:		Date:
Location:			

Temperature	Weight		
Air: _____	_____ lb/kg		
Surface: _____	**Visibility**		
Bottom: _____	_____ ft/m		

Exposure Protection		Conditions	
Wetsuit	Y/N	Fresh	Salt
Drysuit	Y/N	Shore	Boat
Hood	Y/N	Current	Drift
Gloves	Y/N	Waves	Surge
Boots	Y/N	Other:	

SI :	PG
PG	

Depth
_____ ft/m
_____ 15ft/5m

Bottom Time
_____

_____ + _____ = _____
RNT   ABT   TBT

Time In:	Time out:
Start: bar	End: bar

Comments: _____
_____
_____
_____
_____
_____
_____
_____

Dive Center / Resort Stamp

Verification Signature

_____
Instructor / DM / Buddy

Dive No.	Dive Site:		Date:
Location:			

Temperature	Weight
Air:_____	_____ lb/kg
Surface:_____	**Visibility**
Bottom:_____	_____ ft/m

SI	:	PG
PG		

Depth
_____ ft/m
_____ 15ft/5m

Bottom Time
_____

_____ + _____ = _____
RNT   ABT   TBT

Exposure Protection		Conditions	
Wetsuit	Y/N	Fresh	Salt
Drysuit	Y/N	Shore	Boat
Hood	Y/N	Current	Drift
Gloves	Y/N	Waves	Surge
Boots	Y/N	Other:	

Time In:	Time out:
Start: bar	End: bar

Comments: _____
_____
_____
_____
_____
_____
_____
_____

Dive Center / Resort Stamp

Verification Signature

_____
Instructor / DM / Buddy

Dive No.	Dive Site:	Date:

Location:

Temperature	Weight
Air:_____	_____ lb/kg
Surface:_____	**Visibility**
Bottom:_____	_____ ft/m

SI :	PG
PG	

Depth _____ ft/m

_____ 15ft/5m

Bottom Time

_____ + _____ = _____

RNT   ABT   TBT

Exposure Protection		Conditions	
Wetsuit	Y/N	Fresh	Salt
Drysuit	Y/N	Shore	Boat
Hood	Y/N	Current	Drift
Gloves	Y/N	Waves	Surge
Boots	Y/N	Other:	

Time In:	Time out:
Start: bar	End: bar

Comments: _____

_____
_____
_____
_____
_____
_____
_____
_____

Dive Center / Resort Stamp

Verification Signature

_____

Instructor / DM / Buddy

Dive No.	Dive Site:	Date:

Location:

Temperature	Weight
Air:_____	_____ lb/kg
Surface:_____	**Visibility**
Bottom:_____	_____ ft/m

Exposure Protection		Conditions	
Wetsuit	Y/N	Fresh	Salt
Drysuit	Y/N	Shore	Boat
Hood	Y/N	Current	Drift
Gloves	Y/N	Waves	Surge
Boots	Y/N	Other:	

SI : PG

PG

Depth _____ ft/m   _____ 15ft/5m

Bottom Time

_____

_____ + _____ = _____

RNT   ABT   TBT

Time In:	Time out:
Start: _____ bar	End: _____ bar

Comments: _____

_____
_____
_____
_____
_____
_____
_____

Dive Center / Resort Stamp

Verification Signature

_____

Instructor / DM / Buddy

Dive No.	Dive Site:		Date:
Location:			

Temperature	Weight
Air:_____	_____ lb/kg
Surface:_____	**Visibility**
Bottom:_____	_____ ft/m

SI	:		PG
PG			

Depth
_____ ft/m _____ 15ft/5m

Bottom Time
_____

_____ + _____ = _____
RNT　　　　ABT　　　　TBT

Exposure Protection		Conditions	
Wetsuit	Y/N	Fresh	Salt
Drysuit	Y/N	Shore	Boat
Hood	Y/N	Current	Drift
Gloves	Y/N	Waves	Surge
Boots	Y/N	Other:	

Time In:		Time out:	
Start:	bar	End:	bar

Comments: _____
_____
_____
_____
_____
_____
_____
_____
_____

Dive Center / Resort Stamp	Verification Signature
	_____
	Instructor / DM / Buddy

Dive No.	Dive Site:	Date:

Location:

Temperature	Weight
Air: _____	_____ lb/kg
Surface: _____	**Visibility**
Bottom: _____	_____ ft/m

SI :	PG
PG	

Depth
_____ ft/m

_____ 15ft/5m

Bottom Time
_____

_____ + _____ = _____
RNT   ABT   TBT

Exposure Protection		Conditions	
Wetsuit	Y/N	Fresh	Salt
Drysuit	Y/N	Shore	Boat
Hood	Y/N	Current	Drift
Gloves	Y/N	Waves	Surge
Boots	Y/N	Other:	

Time In:	Time out:
Start: bar	End: bar

Comments: _____
_____
_____
_____
_____
_____
_____
_____
_____

Dive Center / Resort Stamp

Verification Signature

_____
Instructor / DM / Buddy

Dive No.	Dive Site:	Date:
Location:		

Temperature	Weight		SI :	PG
Air:_____	_____ lb/kg		PG	
Surface:_____	**Visibility**			
Bottom:_____	_____ ft/m		**Depth** _____ ft/m	_____ 15ft/5m

Bottom Time
_____
_____ + _____ = _____
RNT   ABT   TBT

Exposure Protection		Conditions	
Wetsuit	Y/N	Fresh	Salt
Drysuit	Y/N	Shore	Boat
Hood	Y/N	Current	Drift
Gloves	Y/N	Waves	Surge
Boots	Y/N	Other:	

Time In:	Time out:
Start: bar	End: bar

Comments: _____
_____
_____
_____
_____
_____
_____
_____

Dive Center / Resort Stamp

Verification Signature

_____

Instructor / DM / Buddy

Dive No.	Dive Site:	Date:

Location:

Temperature	Weight
Air:_____	_____ lb/kg
Surface:_____	**Visibility**
Bottom:_____	_____ ft/m

Exposure Protection		Conditions	
Wetsuit	Y/N	Fresh	Salt
Drysuit	Y/N	Shore	Boat
Hood	Y/N	Current	Drift
Gloves	Y/N	Waves	Surge
Boots	Y/N	Other:	

SI	:	PG
PG		

Depth
_____ ft/m
_____ 15ft/5m

Bottom Time
_____

_____ + _____ = _____
RNT   ABT   TBT

Time In:	Time out:
Start: ___ bar	End: ___ bar

Comments: _____
_____
_____
_____
_____
_____
_____
_____

Dive Center / Resort Stamp

Verification Signature

_____
Instructor / DM / Buddy

Dive No.	Dive Site:	Date:

Location:

Temperature	Weight
Air: _____	_____ lb/kg
Surface: _____	**Visibility**
Bottom: _____	_____ ft/m

SI :	PG
PG	

Depth
_____ ft/m

_____ 15ft/5m

Bottom Time

_____

_____ + _____ = _____

RNT   **ABT**   **TBT**

Exposure Protection		Conditions	
Wetsuit	Y/N	Fresh	Salt
Drysuit	Y/N	Shore	Boat
Hood	Y/N	Current	Drift
Gloves	Y/N	Waves	Surge
Boots	Y/N	Other:	

Time In:	Time out:
Start: bar	End: bar

Comments: _____

_____
_____
_____
_____
_____
_____
_____

Dive Center / Resort Stamp

Verification Signature

_____

Instructor / DM / Buddy

Dive No.	Dive Site:	Date:
Location:		

Temperature	Weight
Air:_____	_____ lb/kg
Surface:_____	**Visibility**
Bottom:_____	_____ ft/m

SI	:	PG
PG		

Depth

_____ ft/m

_____ 15ft/5m

Bottom Time

_____

_____ + _____ = _____

RNT   ABT   TBT

Exposure Protection		Conditions	
Wetsuit	Y/N	Fresh	Salt
Drysuit	Y/N	Shore	Boat
Hood	Y/N	Current	Drift
Gloves	Y/N	Waves	Surge
Boots	Y/N	Other:	

Time In:		**Time out:**	
Start:	bar	**End:**	bar

Comments: _____

_____
_____
_____
_____
_____
_____
_____
_____

Dive Center / Resort Stamp

Verification Signature

_____

Instructor / DM / Buddy

Dive No.	Dive Site:	Date:
Location:		

Temperature	Weight
Air:_____	_____ lb/kg
Surface:_____	**Visibility**
Bottom:_____	_____ ft/m

SI	:	PG
PG		

Depth _____ ft/m _____ 15ft/5m

Bottom Time

_____

_____ + _____ = _____

RNT   ABT   TBT

Exposure Protection		Conditions	
Wetsuit	Y/N	Fresh	Salt
Drysuit	Y/N	Shore	Boat
Hood	Y/N	Current	Drift
Gloves	Y/N	Waves	Surge
Boots	Y/N	Other:	

Time In:	Time out:
Start: bar	End: bar

Comments: _____

_____
_____
_____
_____
_____
_____
_____
_____

Dive Center / Resort Stamp

Verification Signature

_____

Instructor / DM / Buddy

Dive No.	Dive Site:		Date:

Location:

Temperature	Weight
Air:_____	_____ lb/kg
Surface:_____	**Visibility**
Bottom:_____	_____ ft/m

SI	:		PG
PG			

Depth _____ ft/m   _____ 15ft/5m

Bottom Time

_____

_____ + _____ = _____

RNT   ABT   TBT

Exposure Protection		Conditions	
Wetsuit	Y/N	Fresh	Salt
Drysuit	Y/N	Shore	Boat
Hood	Y/N	Current	Drift
Gloves	Y/N	Waves	Surge
Boots	Y/N	Other:	

Time In:	Time out:
Start: bar	End: bar

Comments: _____

_____

_____

_____

_____

_____

_____

_____

_____

Dive Center / Resort Stamp

Verification Signature

_____

Instructor / DM / Buddy

Dive No.	Dive Site:	Date:

Location:

Temperature	Weight
Air:_____	_____ lb/kg
Surface:_____	**Visibility**
Bottom:_____	_____ ft/m

SI :	PG
PG	

Depth _____ ft/m

15ft/5m

Bottom Time

_____ + _____ = _____
RNT   ABT   TBT

Exposure Protection		Conditions	
Wetsuit	Y/N	Fresh	Salt
Drysuit	Y/N	Shore	Boat
Hood	Y/N	Current	Drift
Gloves	Y/N	Waves	Surge
Boots	Y/N	Other:	

Time In:	Time out:
Start: bar	End: bar

Comments: _____
_____
_____
_____
_____
_____
_____
_____

Dive Center / Resort Stamp

Verification Signature

_____
Instructor / DM / Buddy

Dive No.	Dive Site:		Date:
Location:			

Temperature	Weight
Air:_____	_____ lb/kg
Surface:_____	**Visibility**
Bottom:_____	_____ ft/m

SI	:	PG
PG		

Depth
_____ ft/m

_____
15ft/5m

Bottom Time

_____

_____ + _____ = _____

RNT ABT TBT

Exposure Protection		Conditions	
Wetsuit	Y/N	Fresh	Salt
Drysuit	Y/N	Shore	Boat
Hood	Y/N	Current	Drift
Gloves	Y/N	Waves	Surge
Boots	Y/N	Other:	

Time In:	Time out:
Start: bar	End: bar

Comments: _____
_____
_____
_____
_____
_____
_____
_____
_____

Dive Center / Resort Stamp

Verification Signature

_____

Instructor / DM / Buddy

Dive No.	Dive Site:	Date:
Location:		

Temperature	Weight
Air: _____	_____ lb/kg
Surface: _____	**Visibility**
Bottom: _____	_____ ft/m

SI :	PG
PG	

Depth
_____ ft/m   _____ 15ft/5m

Bottom Time
_____

_____ + _____ = _____
RNT   **ABT**   **TBT**

Exposure Protection		Conditions	
Wetsuit	Y/N	Fresh	Salt
Drysuit	Y/N	Shore	Boat
Hood	Y/N	Current	Drift
Gloves	Y/N	Waves	Surge
Boots	Y/N	Other:	

Time In:	Time out:
Start: bar	End: bar

Comments: _____

_____
_____
_____
_____
_____
_____
_____

Dive Center / Resort Stamp

Verification Signature

Instructor / DM / Buddy

Dive No.		Dive Site:		Date:	
Location:					

Temperature	Weight
Air:_____	_____ lb/kg
Surface:_____	**Visibility**
Bottom:_____	_____ ft/m

SI	:	PG
PG		

Depth _____ ft/m

_____ 15ft/5m

Bottom Time
_____

_____ + _____ = _____
RNT   ABT   TBT

Exposure Protection		Conditions	
Wetsuit	Y/N	Fresh	Salt
Drysuit	Y/N	Shore	Boat
Hood	Y/N	Current	Drift
Gloves	Y/N	Waves	Surge
Boots	Y/N	Other:	

Time In:		**Time out:**	
Start:	bar	**End:**	bar

Comments:_____
_____
_____
_____
_____
_____
_____
_____
_____

Dive Center / Resort Stamp

Verification Signature

_____
Instructor / DM / Buddy

Dive No.	Dive Site:	Date:

Location:

Temperature	Weight
Air: _____	_____ lb/kg
Surface: _____	**Visibility**
Bottom: _____	_____ ft/m

SI	:	PG
PG		

Depth _____ ft/m   15ft/5m

Bottom Time
_____

_____ + _____ = _____
RNT   ABT   TBT

Exposure Protection		Conditions	
Wetsuit	Y/N	Fresh	Salt
Drysuit	Y/N	Shore	Boat
Hood	Y/N	Current	Drift
Gloves	Y/N	Waves	Surge
Boots	Y/N	Other:	

Time In:	Time out:
Start: bar	End: bar

Comments: _____

_____

_____

_____

_____

_____

_____

_____

Dive Center / Resort Stamp

Verification Signature

_____

Instructor / DM / Buddy

Dive No.		Dive Site:		Date:	

Location:

Temperature	Weight
Air:_____	_____ lb/kg
Surface:_____	**Visibility**
Bottom:_____	_____ ft/m

SI	:	PG
PG		

Depth

_____ ft/m

_____ 15ft/5m

Bottom Time

_____

_____ + _____ = _____

RNT   ABT   TBT

Exposure Protection		Conditions	
Wetsuit	Y/N	Fresh	Salt
Drysuit	Y/N	Shore	Boat
Hood	Y/N	Current	Drift
Gloves	Y/N	Waves	Surge
Boots	Y/N	Other:	

Time In:	Time out:
Start: bar	End: bar

Comments: _____

_____
_____
_____
_____
_____
_____
_____
_____

Dive Center / Resort Stamp

Verification Signature

_____

Instructor / DM / Buddy

Dive No.		Dive Site:		Date:

Location:

Temperature	Weight
Air:_____	_____ lb/kg
Surface:_____	**Visibility**
Bottom:_____	_____ ft/m

SI	:	PG
PG		

Depth
_____ ft/m

15ft/5m

Bottom Time
_____

_____ + _____ = _____
RNT   ABT   TBT

Exposure Protection		Conditions	
Wetsuit	Y/N	Fresh	Salt
Drysuit	Y/N	Shore	Boat
Hood	Y/N	Current	Drift
Gloves	Y/N	Waves	Surge
Boots	Y/N	Other:	

Time In:	Time out:
Start: bar	End: bar

Comments: _____

_____
_____
_____
_____
_____
_____
_____

Dive Center / Resort Stamp

Verification Signature

_____
Instructor / DM / Buddy

Dive No.	Dive Site:		Date:

Location:

Temperature	Weight
Air:_____	_____ lb/kg
Surface:_____	**Visibility**
Bottom:_____	_____ ft/m

SI :	PG
PG	

Depth
_____ ft/m   _____ 15ft/5m

Bottom Time
_____
_____ + _____ = _____
RNT   ABT   TBT

Exposure Protection		Conditions	
Wetsuit	Y/N	Fresh	Salt
Drysuit	Y/N	Shore	Boat
Hood	Y/N	Current	Drift
Gloves	Y/N	Waves	Surge
Boots	Y/N	Other:	

Time In:	Time out:
Start: bar	End: bar

Comments: _____
_____
_____
_____
_____
_____
_____
_____
_____

Dive Center / Resort Stamp

Verification Signature

_____
Instructor / DM / Buddy

Dive No.	Dive Site:		Date:
Location:			

Temperature	Weight
Air:_____	_____ lb/kg
Surface:_____	**Visibility**
Bottom:_____	_____ ft/m

SI	:	PG
PG		

Depth _____ ft/m   _____ 15ft/5m

Bottom Time
_____

_____ + _____ = _____
RNT   ABT   TBT

Exposure Protection		Conditions	
Wetsuit	Y/N	Fresh	Salt
Drysuit	Y/N	Shore	Boat
Hood	Y/N	Current	Drift
Gloves	Y/N	Waves	Surge
Boots	Y/N	Other:	

Time In:	Time out:
Start: bar	End: bar

Comments: _____
_____
_____
_____
_____
_____
_____
_____

Dive Center / Resort Stamp

Verification Signature

_____
Instructor / DM / Buddy

Dive No.	Dive Site:	Date:

Location:

Temperature
Air: _____
Surface: _____
Bottom: _____

Weight
_____ lb/kg

Visibility
_____ ft/m

SI	:	PG
PG		

Depth
_____ ft/m

_____ 15ft/5m

Bottom Time
_____

_____ + _____ = _____
RNT   ABT   TBT

Exposure Protection		Conditions	
Wetsuit	Y/N	Fresh	Salt
Drysuit	Y/N	Shore	Boat
Hood	Y/N	Current	Drift
Gloves	Y/N	Waves	Surge
Boots	Y/N	Other:	

Time In:	Time out:
Start: bar	End: bar

Comments: _____

_____
_____
_____
_____
_____
_____
_____
_____

Dive Center / Resort Stamp

Verification Signature

_____
Instructor / DM / Buddy

Dive No.	Dive Site:	Date:
Location:		

Temperature	Weight
Air:_____	_____ lb/kg
Surface:_____	**Visibility**
Bottom:_____	_____ ft/m

SI	:	PG
PG		

Depth
_____ ft/m

15ft/5m

Bottom Time
_____

_____ + _____ = _____
RNT ABT TBT

Exposure Protection		Conditions	
Wetsuit	Y/N	Fresh	Salt
Drysuit	Y/N	Shore	Boat
Hood	Y/N	Current	Drift
Gloves	Y/N	Waves	Surge
Boots	Y/N	Other:	

Time In:	Time out:
Start: bar	End: bar

Comments: _____
_____
_____
_____
_____
_____
_____
_____

Dive Center / Resort Stamp

Verification Signature

_____
Instructor / DM / Buddy

Dive No.	Dive Site:		Date:
Location:			

Temperature	Weight
Air:_____	_____ lb/kg
Surface:_____	**Visibility**
Bottom:_____	_____ ft/m

SI :   PG
PG

Depth
_____ ft/m   _____ 15ft/5m

Bottom Time
_____
_____ + _____ = _____
RNT   ABT   TBT

Exposure Protection		Conditions	
Wetsuit	Y/N	Fresh	Salt
Drysuit	Y/N	Shore	Boat
Hood	Y/N	Current	Drift
Gloves	Y/N	Waves	Surge
Boots	Y/N	Other:	

Time In:	Time out:
Start: bar	End: bar

Comments: _____
_____
_____
_____
_____
_____
_____
_____
_____

Dive Center / Resort Stamp

Verification Signature

_____
Instructor / DM / Buddy

Dive No.	Dive Site:	Date:

Location:

Temperature	Weight
Air: _____	_____ lb/kg
Surface: _____	**Visibility**
Bottom: _____	_____ ft/m

SI :	PG
PG	

Depth
_____ ft/m

_____
15ft/5m

Bottom Time
_____

_____ + _____ = _____
RNT   ABT   TBT

Exposure Protection		Conditions	
Wetsuit	Y/N	Fresh	Salt
Drysuit	Y/N	Shore	Boat
Hood	Y/N	Current	Drift
Gloves	Y/N	Waves	Surge
Boots	Y/N	Other:	

Time In:	Time out:
Start: bar	End: bar

Comments: _____

_____
_____
_____
_____
_____
_____
_____

Dive Center / Resort Stamp

Verification Signature

_____
Instructor / DM / Buddy

Dive No.	Dive Site:		Date:

Location:	

Temperature	Weight
Air:_____	_____ lb/kg
Surface:_____	**Visibility**
Bottom:_____	_____ ft/m

Exposure Protection		Conditions	
Wetsuit	Y/N	Fresh	Salt
Drysuit	Y/N	Shore	Boat
Hood	Y/N	Current	Drift
Gloves	Y/N	Waves	Surge
Boots	Y/N	Other:	

SI :	PG
PG	

Depth
_____ ft/m   _____ 15ft/5m

Bottom Time

_____

_____ + _____ = _____
RNT   ABT   TBT

Time In:	Time out:
Start: bar	End: bar

Comments: _____
_____
_____
_____
_____
_____
_____
_____
_____

Dive Center / Resort Stamp

Verification Signature

_____
Instructor / DM / Buddy

Dive No.	Dive Site:		Date:
Location:			

Temperature	**Weight**
Air: _____	_____ lb/kg
Surface: _____	**Visibility**
Bottom: _____	_____ ft/m

SI :	PG
PG	

Depth

_____ ft/m

_____ 15ft/5m

Bottom Time

_____

_____ + _____ = _____

RNT   ABT   TBT

Exposure Protection		**Conditions**	
Wetsuit	Y/N	Fresh	Salt
Drysuit	Y/N	Shore	Boat
Hood	Y/N	Current	Drift
Gloves	Y/N	Waves	Surge
Boots	Y/N	Other:	

Time In:	Time out:
Start: bar	End: bar

Comments: _____

_____
_____
_____
_____
_____
_____
_____

Dive Center / Resort Stamp

Verification Signature

_____

Instructor / DM / Buddy

Dive No.	Dive Site:	Date:
Location:		

Temperature
Air:_____
Surface:_____
Bottom:_____

Weight
_____ lb/kg

Visibility
_____ ft/m

SI	:	PG
PG		

Depth
_____ ft/m
_____ 15ft/5m

Bottom Time
_____
_____ + _____ = _____
RNT   ABT   TBT

Exposure Protection		Conditions	
Wetsuit	Y/N	Fresh	Salt
Drysuit	Y/N	Shore	Boat
Hood	Y/N	Current	Drift
Gloves	Y/N	Waves	Surge
Boots	Y/N	Other:	

Time In: **Time out:**
Start: _____ bar   **End:** _____ bar

Comments: _____
_____
_____
_____
_____
_____
_____
_____
_____

Dive Center / Resort Stamp

Verification Signature
_____
Instructor / DM / Buddy

Dive No.	Dive Site:	Date:
Location:		

Temperature	Weight
Air:_____	_____ lb/kg
Surface:_____	**Visibility**
Bottom:_____	_____ ft/m

Exposure Protection		Conditions	
Wetsuit	Y/N	Fresh	Salt
Drysuit	Y/N	Shore	Boat
Hood	Y/N	Current	Drift
Gloves	Y/N	Waves	Surge
Boots	Y/N	Other:	

SI :	PG
PG	

Depth _____ ft/m   _____ 15ft/5m

Bottom Time
_____

_____ + _____ = _____
RNT   ABT   TBT

Time In:	Time out:
Start: bar	End: bar

Comments: _____
_____
_____
_____
_____
_____
_____
_____
_____

Dive Center / Resort Stamp	Verification Signature
	_____
	Instructor / DM / Buddy

Dive No.	Dive Site:		Date:

Location:

Temperature	Weight
Air:_____	_____ lb/kg
Surface:_____	**Visibility**
Bottom:_____	_____ ft/m

SI	:	PG
PG		

Depth _____ ft/m   _____ 15ft/5m

Bottom Time
_____

_____ + _____ = _____
RNT   ABT   TBT

Exposure Protection		Conditions	
Wetsuit	Y/N	Fresh	Salt
Drysuit	Y/N	Shore	Boat
Hood	Y/N	Current	Drift
Gloves	Y/N	Waves	Surge
Boots	Y/N	Other:	

Time In:	Time out:
Start: bar	End: bar

Comments: _____

_____
_____
_____
_____
_____
_____
_____
_____

Dive Center / Resort Stamp

Verification Signature

_____
Instructor / DM / Buddy

Dive No.	Dive Site:	Date:
Location:		

Temperature	Weight
Air:_____	_____ lb/kg
Surface:_____	**Visibility**
Bottom:_____	_____ ft/m

SI :	PG
PG	

Depth
_____ ft/m

_____ 15ft/5m

Bottom Time
_____

_____ + _____ = _____
RNT   ABT   TBT

Exposure Protection		Conditions	
Wetsuit	Y/N	Fresh	Salt
Drysuit	Y/N	Shore	Boat
Hood	Y/N	Current	Drift
Gloves	Y/N	Waves	Surge
Boots	Y/N	Other:	

Time In:	Time out:
Start: bar	End: bar

Comments: _____
_____
_____
_____
_____
_____
_____
_____

Dive Center / Resort Stamp

Verification Signature

_____
Instructor / DM / Buddy

Dive No.	Dive Site:	Date:

Location:

Temperature	Weight
Air:_____	_____ lb/kg
Surface:_____	**Visibility**
Bottom:_____	_____ ft/m

SI :	PG
PG	

Depth
_____ ft/m

_____
15ft/5m

Bottom Time
_____

_____ + _____ = _____
RNT   ABT   TBT

Exposure Protection		Conditions	
Wetsuit	Y/N	Fresh	Salt
Drysuit	Y/N	Shore	Boat
Hood	Y/N	Current	Drift
Gloves	Y/N	Waves	Surge
Boots	Y/N	Other:	

Time In:	Time out:
Start: bar	End: bar

Comments: _____
_____
_____
_____
_____
_____
_____
_____
_____

Dive Center / Resort Stamp	Verification Signature
	_____
	Instructor / DM / Buddy

Dive No.	Dive Site:	Date:
Location:		

Temperature
Air: _____
Surface: _____
Bottom: _____

Weight
_____ lb/kg

Visibility
_____ ft/m

| SI | : | PG |
| PG | | |

Depth _____ ft/m — 15ft/5m

Bottom Time
_____

_____ + _____ = _____
RNT   ABT   TBT

Exposure Protection		Conditions	
Wetsuit	Y/N	Fresh	Salt
Drysuit	Y/N	Shore	Boat
Hood	Y/N	Current	Drift
Gloves	Y/N	Waves	Surge
Boots	Y/N	Other:	

Time In:		Time out:	
Start:	bar	End:	bar

Comments: _____
_____
_____
_____
_____
_____
_____
_____
_____

Dive Center / Resort Stamp

Verification Signature

_____
Instructor / DM / Buddy

Dive No.	Dive Site:	Date:
Location:		

Temperature	**Weight**		**SI**	:	**PG**
Air:_____	_____ lb/kg		**PG**		
Surface:_____	**Visibility**				
Bottom:_____	_____ ft/m		**Depth** _____ ft/m		_____ 15ft/5m

Bottom Time

_____ + _____ = _____
RNT   ABT   TBT

Exposure Protection		**Conditions**	
Wetsuit	Y/N	Fresh	Salt
Drysuit	Y/N	Shore	Boat
Hood	Y/N	Current	Drift
Gloves	Y/N	Waves	Surge
Boots	Y/N	Other:	

Time In:		**Time out:**	
Start:	bar	**End:**	bar

Comments: _____

_____
_____
_____
_____
_____
_____
_____
_____

Dive Center / Resort Stamp

Verification Signature

_____
Instructor / DM / Buddy

Dive No.	Dive Site:	Date:

Location:

Temperature	Weight
Air: _____	_____ lb/kg
Surface: _____	**Visibility**
Bottom: _____	_____ ft/m

Exposure Protection		Conditions	
Wetsuit	Y/N	Fresh	Salt
Drysuit	Y/N	Shore	Boat
Hood	Y/N	Current	Drift
Gloves	Y/N	Waves	Surge
Boots	Y/N	Other:	

SI	:	PG
PG		

Depth _____ ft/m   _____ 15ft/5m

Bottom Time

_____

_____ + _____ = _____

RNT   ABT   TBT

Time In:	Time out:
Start: _____ bar	End: _____ bar

Comments: _____

_____
_____
_____
_____
_____
_____
_____
_____

Dive Center / Resort Stamp	Verification Signature
	_____
	Instructor / DM / Buddy

Dive No.	Dive Site:		Date:
Location:			

Temperature	Weight
Air: _____	_____ lb/kg
Surface: _____	**Visibility**
Bottom: _____	_____ ft/m

SI	:	PG
PG		

Depth
_____ ft/m
_____ 15ft/5m

Bottom Time
_____

_____ + _____ = _____
RNT   ABT   TBT

Exposure Protection		Conditions	
Wetsuit	Y/N	Fresh	Salt
Drysuit	Y/N	Shore	Boat
Hood	Y/N	Current	Drift
Gloves	Y/N	Waves	Surge
Boots	Y/N	Other:	

Time In:	Time out:
Start: bar	End: bar

Comments: _____
_____
_____
_____
_____
_____
_____
_____
_____

Dive Center / Resort Stamp

Verification Signature

_____
Instructor / DM / Buddy

Dive No.	Dive Site:	Date:
Location:		

Temperature	Weight
Air:_____	_____ lb/kg
Surface:_____	**Visibility**
Bottom:_____	_____ ft/m

SI :	PG
PG	

Depth
_____ ft/m
_____ 15ft/5m

Bottom Time
_____

_____ + _____ = _____
RNT   ABT   TBT

Exposure Protection		Conditions	
Wetsuit	Y/N	Fresh	Salt
Drysuit	Y/N	Shore	Boat
Hood	Y/N	Current	Drift
Gloves	Y/N	Waves	Surge
Boots	Y/N	Other:	

Time In:	Time out:
Start: bar	End: bar

Comments: _____
_____
_____
_____
_____
_____
_____
_____
_____

Dive Center / Resort Stamp

Verification Signature

_____
Instructor / DM / Buddy

Dive No.	Dive Site:	Date:
Location:		

Temperature
Air:_____
Surface:_____
Bottom:_____

Weight
_____ lb/kg

Visibility
_____ ft/m

SI	:	PG
PG		

Depth
_____ ft/m
_____ 15ft/5m

Bottom Time
_____
_____ + _____ = _____
RNT   ABT   TBT

Exposure Protection		Conditions	
Wetsuit	Y/N	Fresh	Salt
Drysuit	Y/N	Shore	Boat
Hood	Y/N	Current	Drift
Gloves	Y/N	Waves	Surge
Boots	Y/N	Other:	

Time In:	Time out:
Start: _____ bar	End: _____ bar

Comments: _____
_____
_____
_____
_____
_____
_____
_____
_____

Dive Center / Resort Stamp	Verification Signature
	_____
	Instructor / DM / Buddy

Dive No.	Dive Site:		Date:
Location:			

Temperature	Weight		SI :		PG
Air:_____	_____ lb/kg		PG		
Surface:_____	**Visibility**		Depth		
Bottom:_____	_____ ft/m		_____ ft/m		15ft/5m

Bottom Time
_____
_____ + _____ = _____
RNT   ABT   TBT

Exposure Protection		Conditions	
Wetsuit	Y/N	Fresh	Salt
Drysuit	Y/N	Shore	Boat
Hood	Y/N	Current	Drift
Gloves	Y/N	Waves	Surge
Boots	Y/N	Other:	

Time In:		Time out:	
Start:	bar	End:	bar

Comments: _____

_____
_____
_____
_____
_____
_____
_____

Dive Center / Resort Stamp

Verification Signature

_____
Instructor / DM / Buddy

Dive No.	Dive Site:	Date:
Location:		

Temperature	Weight
Air:_____	_____ lb/kg
Surface:_____	**Visibility**
Bottom:_____	_____ ft/m

SI	:	PG
PG		

Depth _____ ft/m

_____ 15ft/5m

Bottom Time

_____ + _____ = _____
RNT   ABT   TBT

Exposure Protection		Conditions	
Wetsuit	Y/N	Fresh	Salt
Drysuit	Y/N	Shore	Boat
Hood	Y/N	Current	Drift
Gloves	Y/N	Waves	Surge
Boots	Y/N	Other:	

Time In:		Time out:	
Start:	bar	**End:**	bar

Comments: _____

_____
_____
_____
_____
_____
_____
_____
_____

Dive Center / Resort Stamp

Verification Signature

Instructor / DM / Buddy

Dive No.	Dive Site:	Date:

Location:

Temperature	Weight
Air: _____	_____ lb/kg
Surface: _____	**Visibility**
Bottom: _____	_____ ft/m

SI :	PG
PG	

Depth _____ ft/m   _____ 15ft/5m

Bottom Time
_____
_____ + _____ = _____
RNT   ABT   TBT

Exposure Protection		Conditions	
Wetsuit	Y/N	Fresh	Salt
Drysuit	Y/N	Shore	Boat
Hood	Y/N	Current	Drift
Gloves	Y/N	Waves	Surge
Boots	Y/N	Other:	

Time In:	Time out:
Start: bar	End: bar

Comments: _____
_____
_____
_____
_____
_____
_____
_____
_____

Dive Center / Resort Stamp

Verification Signature

_____

Instructor / DM / Buddy

Dive No.	Dive Site:	Date:

Location:

Temperature	Weight
Air: _____	_____ lb/kg
Surface: _____	**Visibility**
Bottom: _____	_____ ft/m

SI	:	PG
PG		

Depth _____ ft/m _____ 15ft/5m

Bottom Time
_____

_____ + _____ = _____
RNT   ABT   TBT

Exposure Protection		Conditions	
Wetsuit	Y/N	Fresh	Salt
Drysuit	Y/N	Shore	Boat
Hood	Y/N	Current	Drift
Gloves	Y/N	Waves	Surge
Boots	Y/N	Other:	

Time In:	Time out:
Start: bar	End: bar

Comments: _____

_____
_____
_____
_____
_____
_____
_____
_____

Dive Center / Resort Stamp

Verification Signature

_____
Instructor / DM / Buddy

Dive No.	Dive Site:	Date:

Location:

Temperature	Weight
Air:_____	_____ lb/kg
Surface:_____	**Visibility**
Bottom:_____	_____ ft/m

SI	:	PG
PG		

Depth

_____ ft/m

_____ 15ft/5m

Bottom Time

_____

_____ + _____ = _____

RNT   ABT   TBT

Exposure Protection		Conditions	
Wetsuit	Y/N	Fresh	Salt
Drysuit	Y/N	Shore	Boat
Hood	Y/N	Current	Drift
Gloves	Y/N	Waves	Surge
Boots	Y/N	Other:	

Time In:	Time out:
Start: bar	End: bar

Comments: _____

_____
_____
_____
_____
_____
_____
_____
_____

Dive Center / Resort Stamp

Verification Signature

_____

Instructor / DM / Buddy

Dive No.	Dive Site:	Date:

Location:	

Temperature	Weight
Air:_____	_____ lb/kg
Surface:_____	**Visibility**
Bottom:_____	_____ ft/m

SI :	PG
PG	

Depth _____ ft/m 15ft/5m

Bottom Time
_____

_____ + _____ = _____
RNT   ABT   TBT

Exposure Protection		Conditions	
Wetsuit	Y/N	Fresh	Salt
Drysuit	Y/N	Shore	Boat
Hood	Y/N	Current	Drift
Gloves	Y/N	Waves	Surge
Boots	Y/N	Other:	

Time In:	Time out:
Start: bar	End: bar

Comments: _____

_____
_____
_____
_____
_____
_____
_____
_____

Dive Center / Resort Stamp	Verification Signature
	_____
	Instructor / DM / Buddy

Dive No.	Dive Site:	Date:

Location:

Temperature	Weight
Air:_____	_____ lb/kg
Surface:_____	**Visibility**
Bottom:_____	_____ ft/m

SI :	PG
PG	

Depth
____ ft/m   ____
                                              15ft/5m

Bottom Time
_____

____   +   ____   =   ____
RNT   **ABT**   **TBT**

Exposure Protection		Conditions	
Wetsuit	Y/N	Fresh	Salt
Drysuit	Y/N	Shore	Boat
Hood	Y/N	Current	Drift
Gloves	Y/N	Waves	Surge
Boots	Y/N	Other:	

Time In:	Time out:
Start: bar	End: bar

Comments: _____

_____
_____
_____
_____
_____
_____
_____
_____

Dive Center / Resort Stamp	Verification Signature
	_____
	Instructor / DM / Buddy

Dive No.	Dive Site:	Date:

Location:

Temperature
Air: _____
Surface: _____
Bottom: _____

Weight
_____ lb/kg

Visibility
_____ ft/m

SI	:	PG
PG		

Depth
_____ ft/m
_____ 15ft/5m

Bottom Time
_____

_____ + _____ = _____
RNT · ABT · TBT

Exposure Protection		Conditions	
Wetsuit	Y/N	Fresh	Salt
Drysuit	Y/N	Shore	Boat
Hood	Y/N	Current	Drift
Gloves	Y/N	Waves	Surge
Boots	Y/N	Other:	

Time In:		Time out:	
Start:	bar	End:	bar

Comments: _____

_____

_____

_____

_____

_____

_____

_____

Dive Center / Resort Stamp

Verification Signature

_____
Instructor / DM / Buddy

Dive No.	Dive Site:	Date:
Location:		

Temperature
Air: _____
Surface: _____
Bottom: _____

Weight
_____ lb/kg

Visibility
_____ ft/m

SI	:	PG
PG		

Depth
_____ ft/m
15ft/5m

Bottom Time
_____ + _____ = _____
RNT　　ABT　　TBT

Exposure Protection		Conditions	
Wetsuit	Y/N	Fresh	Salt
Drysuit	Y/N	Shore	Boat
Hood	Y/N	Current	Drift
Gloves	Y/N	Waves	Surge
Boots	Y/N	Other:	

Time In:	Time out:
Start: ___ bar	End: ___ bar

Comments: _____
_____
_____
_____
_____
_____
_____
_____
_____

Dive Center / Resort Stamp

Verification Signature

_____
Instructor / DM / Buddy

Dive No.		Dive Site:		Date:	

Location:

Temperature	Weight
Air:_____	_____ lb/kg
Surface:_____	**Visibility**
Bottom:_____	_____ ft/m

SI	:	PG
PG		

Depth
_____ ft/m

15ft/5m

Bottom Time
_____

_____ + _____ = _____
RNT   ABT   TBT

Exposure Protection		Conditions	
Wetsuit	Y/N	Fresh	Salt
Drysuit	Y/N	Shore	Boat
Hood	Y/N	Current	Drift
Gloves	Y/N	Waves	Surge
Boots	Y/N	Other:	

Time In:	Time out:
Start: bar	End: bar

Comments: _____

_____
_____
_____
_____
_____
_____
_____
_____

Dive Center / Resort Stamp

Verification Signature

Instructor / DM / Buddy

Dive No.	Dive Site:	Date:
Location:		

Temperature	Weight
Air:_____	_____ lb/kg
Surface:_____	**Visibility**
Bottom:_____	_____ ft/m

SI	:	PG
PG		

Depth
_____ ft/m
_____ 15ft/5m

Bottom Time
_____
_____ + _____ = _____
RNT   ABT   TBT

Exposure Protection		Conditions	
Wetsuit	Y/N	Fresh	Salt
Drysuit	Y/N	Shore	Boat
Hood	Y/N	Current	Drift
Gloves	Y/N	Waves	Surge
Boots	Y/N	Other:	

Time In:	Time out:
Start: bar	End: bar

Comments: _____
_____
_____
_____
_____
_____
_____
_____

Dive Center / Resort Stamp

Verification Signature

_____
Instructor / DM / Buddy

Dive No.	Dive Site:		Date:
Location:			

Temperature	Weight		SI :		PG
Air:_____	_____ lb/kg		PG		
Surface:_____	**Visibility**		Depth		_____ 15ft/5m
Bottom:_____	_____ ft/m		_____ ft/m		

Bottom Time
_____
_____ + _____ = _____
RNT   ABT   TBT

Exposure Protection		Conditions	
Wetsuit	Y/N	Fresh	Salt
Drysuit	Y/N	Shore	Boat
Hood	Y/N	Current	Drift
Gloves	Y/N	Waves	Surge
Boots	Y/N	Other:	

Time In:	Time out:
Start: bar	End: bar

Comments: _____

_____
_____
_____
_____
_____
_____
_____
_____

Dive Center / Resort Stamp

Verification Signature

_____
Instructor / DM / Buddy

Dive No.	Dive Site:	Date:
Location:		

Temperature	Weight
Air:_____	_____ lb/kg
Surface:_____	**Visibility**
Bottom:_____	_____ ft/m

SI	:	PG
PG		

Depth
_____ ft/m

_____
15ft/5m

Bottom Time

_____

_____ + _____ = _____

RNT   ABT   TBT

Exposure Protection		Conditions	
Wetsuit	Y/N	Fresh	Salt
Drysuit	Y/N	Shore	Boat
Hood	Y/N	Current	Drift
Gloves	Y/N	Waves	Surge
Boots	Y/N	Other:	

Time In:	Time out:
Start: bar	End: bar

Comments: _____
_____
_____
_____
_____
_____
_____
_____

Dive Center / Resort Stamp	Verification Signature
	_____
	Instructor / DM / Buddy

Dive No.	Dive Site:		Date:
Location:			

Temperature	Weight		SI :		PG
Air:_____	_____ lb/kg		PG		
Surface:_____	**Visibility**				
Bottom:_____	_____ ft/m		Depth _____ ft/m		_____ 15ft/5m

Bottom Time
_____
_____ + _____ = _____
RNT   ABT   TBT

Exposure Protection		Conditions		Time In:	Time out:
Wetsuit	Y/N	Fresh	Salt		
Drysuit	Y/N	Shore	Boat	Start: bar	End: bar
Hood	Y/N	Current	Drift		
Gloves	Y/N	Waves	Surge		
Boots	Y/N	Other:			

Comments: _____

_____
_____
_____
_____
_____
_____
_____
_____

Dive Center / Resort Stamp

Verification Signature

_____
Instructor / DM / Buddy

Dive No.	Dive Site:	Date:

Location:

Temperature	Weight
Air:_____	_____ lb/kg
Surface:_____	**Visibility**
Bottom:_____	_____ ft/m

SI :	PG
PG	

Depth
_____ ft/m
_____ 15ft/5m

Bottom Time
_____
_____ + _____ = _____
RNT   ABT   TBT

Exposure Protection		Conditions	
Wetsuit	Y/N	Fresh	Salt
Drysuit	Y/N	Shore	Boat
Hood	Y/N	Current	Drift
Gloves	Y/N	Waves	Surge
Boots	Y/N	Other:	

Time In:	Time out:
Start: bar	End: bar

Comments: _____
_____
_____
_____
_____
_____
_____
_____

Dive Center / Resort Stamp

Verification Signature

Instructor / DM / Buddy

Dive No.	Dive Site:	Date:

Location:

Temperature	Weight
Air: _____	_____ lb/kg
Surface: _____	**Visibility**
Bottom: _____	_____ ft/m

SI :	PG
PG	

Depth
_____ ft/m
_____ 15ft/5m

Bottom Time
_____

_____ + _____ = _____
RNT   ABT   TBT

Exposure Protection		Conditions	
Wetsuit	Y/N	Fresh	Salt
Drysuit	Y/N	Shore	Boat
Hood	Y/N	Current	Drift
Gloves	Y/N	Waves	Surge
Boots	Y/N	Other:	

Time In:	Time out:
Start: bar	End: bar

Comments: _____
_____
_____
_____
_____
_____
_____
_____

Dive Center / Resort Stamp

Verification Signature

_____
Instructor / DM / Buddy

www.ingramcontent.com/pod-product-compliance
Lightning Source LLC
Chambersburg PA
CBHW072158170526
45158CB00004BA/1699